·元气满满下午茶系列·

SUMMER DRINKS

夏日冰饮

[英] 瑞兰彼得斯和斯莫尔出版公司 著
吴健 译

中国轻工业出版社

夏日冰饮

分享 100 多款夏日限定冰饮配方

目录

开胃酒

汽酒&酷乐

冰沙&漂浮沙士

宾治

无酒精鸡尾酒&果汁

成为一名居家调酒师

酷暑将至，生活的步调也渐趋和缓。日子漫长闲散，坐在花园阴凉处捧着书册闲读；躺在水色湛蓝的泳池畔消磨时光；荡起秋千就着落日的余晖喝杯饮料；在夏夜星空下享受露天丰盛晚餐；猫在阴凉的室内躲一躲正午烈日的炙烤。自制一杯饮品，加入冰块，或在冰箱里冰镇片刻，便能瞬间让人清爽百倍，享受直击唇舌的酥麻快感。草坪、池畔、阳台、屋顶，随时随地感受盛夏的缤纷活力。暑期娱乐活动也如期而至，烧烤、野炊、泳池派对、花园派对、夏日婚礼、露天晚餐等接连不断。温过的白葡萄酒、大桶啤酒、甜得发齁的饮料都是老掉牙的把戏，如果轮到你策划活动，必然需要一些让人眼前一亮的新法宝。

本书汇集了多款夏日饮品，各式配方足以应对所有场合——嗞嗞冒泡的开胃酒、浓烈的柑橘鸡尾酒、清爽的汽酒和高杯酒、万人迷宾治、甜美的无酒精鸡尾酒和果汁，以及趣味满分的冰沙和漂浮沙士，凡此种种都将唤醒你那无忧无虑的休闲时光。另外，本书 8~9 页还介绍了调制饮品时会用到的糖浆配方，可以提前准备，随用随取。制作方法简单、易上手，无须专业设备。作为居家调酒师，只需要鸡尾酒摇杯、量杯以及专为夏日鸡尾酒设计的玻璃杯，如玛格丽特碟形杯和飓风杯等。此外，时下最流行的当数苹果杯，多用于盛汽酒和西班牙风味的金汤力。笛形香槟杯适合装起泡的开胃酒。杯子可以租用，所以举办大型活动前要提前计划订购。如果担心玻璃酒杯会破碎，可以考虑用有机玻璃杯或丙烯酸玻璃杯——各种款式可供挑选。对了，别忘了冰块，要准备大量的冰块——可以批量制作后储存在冰块盒中。如有需要，也可以购买现成的，块状的、圆柱形的或球状的都有。最后，发挥创意，尽情装点你的饮品吧，使其外观更具魅力——点缀可食用的花瓣、菠萝叶、柑橘类水果片、浆果等，如有需要，还可以加入纸吸管和新奇有趣的搅拌棒。

希望你能喜欢我们这本夏日饮品配方合集，也希望本书能助你清凉舒爽地度过绵长的酷热夏日。

糖浆配方

单糖浆

225 克白糖

250 毫升水

将白糖和水加入锅中，煮开后小火慢炖，直到质地变清变稠。关火冷却。储存在消过毒的螺纹罐*中，最多可保存 4 周。

草莓糖浆

25 克白糖

250 毫升水

125 克新鲜草莓，切碎

将白糖和水加入锅中，煮开后小火慢炖，直到质地变清变稠。关火，拌入草莓，静置冷却。滤去滤渣，倒入消过毒的螺纹罐中，放入冰箱可保存 2 周。

树莓糖浆

200 克新鲜树莓

500 克白糖

500 毫升开水

把新鲜的树莓放入耐热的水壶或水罐中，加入白糖和开水，搅拌至白糖溶解。冷却后滤去树莓籽，倒入消过毒的螺纹罐中，放入冰箱可保存 2 周。

* 给罐口有螺纹的玻璃罐消毒时，先将烤箱预热到 160℃。用热肥皂水清洗玻璃罐和盖子，再用清水冲洗，先不要擦干。去除罐子上的橡胶密封条，再把罐子放到烤盘上，放入烤箱烘烤 10 分钟。盖子则需在沸水里煮几分钟。

西瓜桃红糖浆

125 毫升果味桃红葡萄酒，加利福尼亚州仙粉黛葡萄酒（California Zinfandel）就很合适

125 毫升新鲜西瓜汁（见第 84 页）

250 克白糖

把葡萄酒、西瓜汁和白糖倒入锅中，中火加热。煮沸，搅拌，直到白糖溶解，关火冷却，过滤后倒入消过毒的螺纹罐中，放入冰箱可保存 2 周。

菠萝糖浆

500 克白糖

300 毫升水

1 小只菠萝，去皮，去芯，切碎

把白糖和水倒入锅中，煮开后小火慢炖，直到质地变清变稠。关火，加入菠萝块。静置冷却，浸泡几小时，过夜更好。滤去菠萝肉，倒入消过毒的螺纹罐中，放入冰箱可保存 2 周。

枸杞糖浆

500 毫升水

250 克干枸杞

500g 克白糖

把水和枸杞倒入锅中，煮沸。关火，浸泡几分钟。滤去枸杞，加白糖搅拌至溶解，静置冷却。倒入消过毒的螺纹罐中，放入冰箱可保存 3 周。

芙蓉糖浆

500 克白糖

500 毫升水

75 克干芙蓉花

把原料倒入锅中，煮沸。关火搅拌。静置冷却，滤去芙蓉花，倒入消过毒的螺纹罐中，放入冰箱可保存 3 周。

开胃酒

椰芒鸡尾酒

15 毫升椰子白朗姆酒，如马利宝（Malibu）椰子朗姆配制酒

15 毫升金酒

30 毫升芒果汁

10 毫升鲜榨青柠汁

少许安古斯图拉苦精（Angostura bitters）（可选）

冰镇阿斯蒂起泡酒（Asti Spumante）或其他半甜起泡酒，用于加满杯子

装饰用的芒果干（可选）

一人份

这款酒是热带提基（Tiki）风* 饮品，酒精度不高，喝不惯浓烈椰底饮品的小伙伴可以一试。

将前五种原料倒入加冰的摇杯中充分摇匀，滤入冰镇过的笛形香槟杯（champagne flute）中，再倒满阿斯蒂起泡酒。如果喜欢，还可以点缀上一块芒果干，便大功告成了。

芒果代基里

6 只大芒果，或等量的冷冻芒果

350 毫升淡朗姆酒

单糖浆，调味用（见第 8 页）

四人份

这款冰冰凉凉的代基里鸡尾酒仿佛把加利福尼亚半岛的海滨装进了酒杯。

预先将 4 只鸡尾酒杯放入冰箱冰镇。

如果用的是新鲜芒果，去皮、去核后切片。放入搅拌机中，加入等量的冰，搅拌成细腻的果泥。倒入朗姆酒，加糖浆调味，再次搅拌。完成后立即倒入冰镇后的玻璃杯中。

如果用的是冷冻芒果，直接放进装有冰的搅拌机中，搅拌成细腻的果泥。倒入朗姆酒，加糖浆调味，再次搅拌。完成后立即倒入冰镇后的玻璃杯中。

---

* 提基文化指的是简单、浪漫而又充满异域风情的岛屿生活文化。提基风鸡尾酒多以朗姆酒为基底，并且搭配各种热带水果果汁调制而成，视觉上很有在热带沙滩岛屿上度假之感。——译者注

佛罗里达微风

35 毫升粉红西柚汁

15 毫升甜红味美思

少量单糖浆（见第 8 页）

少许安古斯图拉苦精

冰镇卡瓦酒（Cava）或其他干起泡酒，用于加满杯子

装饰用的西柚皮*（可选）

一人份

粉红西柚微酸，令人胃口大开。夏日与朋友共进午餐时，来杯佛罗里达微风会为整个饭局锦上添花。

将前四种原料倒入加冰的摇杯中充分摇匀。滤入冰镇过的笛形香槟杯中，倒满卡瓦酒即可饮用。

圣克莱门特菲兹

10 毫升君度酒（Cointreau）

10 毫升柠檬利口酒（limoncello）

10 毫升阿贝罗酒（Aperol）

少许橙子苦精（可选）

冰镇普罗塞克起泡葡萄酒（Prosecco）或其他干起泡酒，用于加满杯子

装饰用的柠檬片和橙子皮

一人份

这款酒以橙子和柠檬为主调，创意满满，是一款绝佳的开胃酒，让整场聚会飘散着柑橘类水果的芬芳。

将前四种原料倒入加冰的摇杯中充分搅拌。滤入冰镇过的笛形香槟杯，倒满普罗塞克起泡葡萄酒。用橙子片和柠檬皮稍加装饰即可饮用。

---

* 如配方中需用到柑橘果皮，请购买未上蜡的水果，使用前清洗干净。如只有上过蜡的，使用前用温肥皂水洗净。

桃子朱丽普

5 片薄荷叶

20 毫升波本威士忌

30 毫升桃子汁

5 毫升蜜桃金酒

冰镇香槟或其他干起泡酒，用于加满杯子

装饰用的桃子片

一人份

19 世纪，薄荷朱丽普中有时会加入桃子白兰地。以此为灵感诞生了口感丰富的桃子朱丽普，它是水果与薄荷碰撞出别样火花，是炎炎夏夜的绝配。

将薄荷叶和波本威士忌酒加入摇杯，搅拌混合。加入桃子汁和蜜桃金酒以及少量冰块，摇匀。滤入冰镇过的笛形香槟杯中，饰以桃子片即可饮用。

普罗塞克西番莲鸡尾酒

30 毫升香草口味伏特加

5 毫升 /1 茶匙单糖浆（见第 8 页）*

1 个西番莲

冰镇普罗塞克起泡酒，用于加满杯子

装饰用的香草荚（可选）

一人份

这是经典鸡尾酒“艳星马提尼”（Porn Star）的简化版。如果你喜欢西番莲，那这杯酒（见第 10 页图）就是你夏天的专属！

将伏特加和糖浆加入摇杯。西番莲切成两半，挖出果肉和籽加入摇杯中。加入少量冰块，用力摇匀。倒入冰镇过的马提尼杯（Martini glass）中，倒满普罗塞克起泡酒后即可饮用。如果喜欢，还可将香草荚当成搅拌棒作为装饰。

---

* 本书的体积单位中，以匙为单位基于以下标准：
1 茶匙 = 5 毫升；
1 汤匙 = 15 毫升。

七重天

5 片薄荷叶

5 毫升单糖浆（见第 8 页）

5 毫升鲜榨柠檬汁

30 毫升菠萝汁

30 毫升甜红味美思

冰镇普罗塞克起泡酒或其他干起泡酒，用于加满杯子

装饰的小块菠萝角（可选）

一人份

甜蜜的味美思配上新鲜薄荷，这款别致的热带风情鸡尾酒必将俘获所有宾客的心。

把薄荷叶、糖浆和柠檬汁倒入摇杯中搅拌。加入菠萝汁、味美思及少量冰块，摇匀。滤入冰镇过的笛形香槟杯中，倒满普罗塞克起泡酒。如果喜欢，还可以用菠萝角加以点缀。

菠萝玛格丽特

½ 个冰镇过的新鲜菠萝

鲜榨青柠汁（2 只青柠）

120 毫升君度酒或橙味利口酒（triple sec）

235 毫升白色龙舌兰酒（blanco tequila）

调味用的龙舌兰糖浆（可选）

装饰用的菠萝角

四人份

这是一款果味浓郁、绵密多泡的果味玛格丽特。用最甜的菠萝来制作，帮你忘却所有烦恼。

预先将 4 只鸡尾酒杯放入冰箱中冰镇。

把半个菠萝纵向切成四份，去皮后将菠萝切块。

将菠萝、青柠汁、龙舌兰酒、君度酒或橙味利口酒放入搅拌机，加少许冰块，搅拌至细腻多泡。如果想来点甜味，可以加些龙舌兰糖浆。立刻倒入冰镇过的玻璃杯中，在杯口用菠萝角装点一下。

阴差阳错

30 毫升甜红意大利味美思

30 毫升金巴利酒（Campari）

75 毫升冰镇普罗塞克起泡酒

一人份

“Sbagliato”一词源自意大利，意为“阴差阳错”。一位调酒师在调制内格罗尼鸡尾酒（Negroni）时错把普罗塞克起泡酒当作金酒，结果意外地发现味道不错。所以，你在调酒时也完全不必担心手滑倒成金酒。

在古典杯（old-fashioned glass）中倒入冰块，加入味美思和金巴利酒，搅拌均匀。加入普罗塞克起泡酒，轻轻搅拌，保留泡沫，便大功告成。

提香

10 颗无籽红提

75 毫升杜本内酒（Dubonnet）

冰镇普罗塞克起泡酒，用于加满杯子

装饰用的橙皮

一人份

约会进餐前小酌一杯，用浓艳的红为二人世界升温点火。自 1846 年以来，杜本内开胃葡萄酒一直是鸡尾酒单上的主打产品，现在依旧是。

将 9 颗红提放入摇杯中捣碎出汁。加入少量冰块和杜本内酒，用力摇匀。滤入古典杯中，加冰，倒满普罗塞克起泡酒，挤入橙皮汁液。用橙皮和剩下的红提串在鸡尾酒签上略加装饰。

西瓜马提尼

160 克切片的西瓜

60 毫升伏特加

调味用的单糖浆（见第 8 页）

1 小片西瓜，用作装饰

一人份

谁能忘却电影《辣身舞》中的那句台词：“我带了个西瓜来”？为何不一边观赏夏日经典电影，一边喝着清爽的鸡尾酒，逃离夏天的炎热呢？

将切好的西瓜放入摇杯中捣碎，加入伏特加和冰块，用力摇匀。如有需要，还可以加些糖浆。滤入冰镇过的马提尼杯中，饰以西瓜片。

黄瓜马提尼

1 根 12 厘米长的黄瓜，去皮，剁碎

30 毫升单糖浆（见第 8 页）

6 片薄荷叶

15 毫升鲜榨柠檬汁

60 毫升伏特加

二人份

这款口感清爽的马提尼能让夏天变得更加清爽！

将黄瓜、糖浆、薄荷叶和柠檬汁放入搅拌器，搅拌至质地细腻。

在摇杯中加入少量冰块，倒入上一步的黄瓜混合物以及伏特加，用力摇匀。然后倒入冰镇的马提尼杯中，即可享用。

芙蓉马提尼

30 毫升伏特加

5 毫升鲜榨青柠汁

少量树莓利口酒

60 毫升芙蓉糖浆（见第 9 页）

一朵可食用的芙蓉花，装饰用（可选）

一人份

芙蓉花鲜艳明丽，不仅促成了这杯惊艳的鸡尾酒，也可作为发饰别在耳后，清新脱俗。

将除装饰用的芙蓉花外的所有原料倒入加冰的摇杯中，用力摇匀。滤入马提尼杯中，用芙蓉花装饰即可。

芙蓉金汤力

30 毫升芙蓉糖浆（见第 9 页）

60 毫升金酒

200 毫升冰镇印度汤力水（tonic），用于加满杯子

可食用的新鲜芙蓉花，装饰用（可选）

二人份

用夏威夷的方式来演绎英式经典鸡尾酒。

在 2 只高球杯（highball glass）或平底玻璃杯（tumbler）中加满冰块，每杯各加入 15 毫升芙蓉糖浆，再各加入 30 毫升金酒，各加入一半汤力水。最后用芙蓉花装饰（可选），即可享用。

汤米的玛格丽特

1 个青柠角

海盐

50 毫升白色龙舌兰酒

30 毫升鲜榨青柠汁

30 毫升混合龙舌兰糖浆（龙舌兰糖浆和水 75：25 混合，倾倒起来更容易）

一人份

这杯特别款玛格丽特用龙舌兰糖浆代替了橙味利口酒。

首先用青柠角环绕玛格丽特杯的杯沿挤出汁水，再将杯子倒放在盐碟中，在杯沿上蘸上一层薄薄的盐。

将其余所有原料放入摇杯中，加入少量冰块，用力摇匀后滤入备好的玻璃杯中。用 1 小块青柠角在杯沿装饰即可。

辣椒绿玛格丽特

1 个青柠角

海盐

8 片薄荷叶，再另备一片作为装饰

10 棵新鲜香菜 / 香菜叶

1 个哈瓦那辣椒 / 红辣椒

15 毫升混合龙舌兰糖浆（龙舌兰糖浆和水以 75：25 混合，倾倒起来更容易）

35 毫升白色龙舌兰酒

25 毫升鲜榨菠萝汁

25 毫升鲜榨青柠汁

一人份

这杯玛格丽特无比惊艳，很容易入口，但要注意它的后味非常火辣！

首先用青柠角环绕杯沿挤出汁水，再将杯子倒放在盐碟中，在杯沿上蘸上一层薄薄的盐。

将薄荷、香菜、辣椒和混合龙舌兰糖浆加入摇杯，捣碎混匀。再倒入剩下的原料，加少量冰块，使劲摇匀。

滤入杯中，用薄荷叶装饰。

改良版：还有一款类似的无酒精饮品名为"清凉水 / 淡水"（agua fresca），极具原始风情。只需将配方中的龙舌兰酒替换为苹果汁，再用气泡水加满杯子即可。

41
LA ROSA
39

皮斯科酸

120 毫升皮斯科酒（Pisco）
60 毫升鲜榨青柠汁
2 个鸡蛋的蛋清*
45 毫升单糖浆（见第 8 页）
少许安古斯图拉苦精
装饰用的青柠片

二人份

皮斯科酸起源于秘鲁首都利马，可谓是秘鲁的国酒。皮斯科酒是由葡萄酿制的蒸馏酒，带有葡萄和青柠的芬芳活力。用它调制的这款鸡尾酒美味满分，适合在日落时分小酌慢饮。

在摇杯中加入冰、皮斯科酒、青柠汁、蛋清和糖浆，用力摇匀，分别倒入两个古典杯中。

淋上少许安古斯图拉苦精，用青柠片装饰即可。

意大利酸

30 毫升金巴利酒
15 毫升意大利黄酒（Strega）
15 毫升加利安奴香草甜酒（Galliano）
25 毫升鲜榨柠檬汁
15 毫升蔓越莓汁
15 毫升单糖浆（见第 8 页）
少量蛋清
两滴安古斯图拉苦精

二人份

意大利酸的所有基酒均来自意大利，是一款人见人爱的开胃酒。

将所有原料和一些冰块放入摇杯中，用力摇匀。再滤入 2 只笛形香槟杯或小号葡萄酒杯（small wine glass）中，即可享用。

---

* 请勿让老年人、婴幼儿、体弱多病者、孕妇或免疫系统有缺陷者食用生鸡蛋或未完全煮熟的鸡蛋。

石榴玛格丽特

1 个青柠角以及等量混合的白糖和海盐

50 毫升白色龙舌兰酒

20 毫升鲜榨青柠汁

20 毫升橙味利口酒

25 毫升石榴汁

可食用玫瑰花瓣，装饰用（可选）

一人份

这款酒色调粉嫩，微酸清爽，是泳池畔、海滩边的绝佳饮品。

用青柠角环绕碟形杯（coupe glass）杯沿挤出汁水，将杯沿外侧蘸上混合的白糖和海盐。摇杯中倒入剩余原料，加入少量冰块，摇匀，倒入准备好的玻璃杯中。还可以用一两片玫瑰花瓣点缀。

安祖辣椒玛格丽特

1 个青柠角和烟熏海盐

50 毫升白色龙舌兰酒

25 毫升鲜榨青柠汁

25 毫升安祖辣椒利口酒（Ancho Reyes Chile Liqueur）或类似产品

1 个装饰用的干青柠片

一人份

这款酒是龙舌兰、青柠、安祖辣椒和盐的完美融合。

预先将碟形杯冰镇。用青柠角环绕碟形杯杯沿挤出汁水，将杯沿外侧蘸上烟熏海盐。摇杯中倒入剩余酒水原料，加入少量冰块，摇匀，倒入准备好的杯中。用干青柠片点缀即可。

狮尾

45 毫升野火鸡 40%vol 波本威士忌（Wild Turkey Bourbon）

25 毫升鲜榨青柠汁

15 毫升单糖浆（见第 8 页）

10 毫升黄色查特酒（Yellow Chartreuse）

5 滴甜椒味利口酒（pimento dram）

装饰用的青柠皮

一人份

1937 年，这款经典鸡尾酒收录于英国《鸡尾酒手册》（*Café Royal Cocktail Book*）一书中，如今却鲜少有人识其威名。本书在原本配方的基础上加了黄色查特酒，增添一些草本植物的芬芳，与波本威士忌、甜椒味利口酒相映成趣。

将除青柠皮外的所有酒水原料倒入摇杯中，加少量冰块，用力摇匀。滤入冰镇过的碟形杯中，用青柠皮点缀即可。

亲亲

50 毫升水牛足迹波本威士忌（Buffalo Trace Bourbon）或其他类似产品

25 毫升鲜榨青柠汁

15 毫升君度酒

15 毫升杏仁糖浆

1 个新鲜菠萝块、薄荷叶、橙子片、黑樱桃、糖霜 / 糖粉，装饰用

一人份

“Honi honi” 在塔希提语中意为“亲亲”。其实相当于用波本威士忌代替了迈泰鸡尾酒（mai tai）中的朗姆酒。提神醒脑，口感极佳！

将除装饰物外的所有酒水原料倒入摇杯中，加少量冰块，摇匀。滤入提基杯（tiki mug）或岩石杯（rocks glass，即古典杯），中预先加入碎冰。

加入液体后，在上层铺些碎冰，再用菠萝块、薄荷叶、橙子片和樱桃装饰，最后撒上糖霜或糖粉。

汽酒&酷乐

西班牙什锦水果杯

100毫升冰镇桃红葡萄酒［推荐西班牙歌海娜（Spanish Garnacha）］

50毫升鲜榨橙汁

10毫升西班牙白兰地

10毫升君度（或其他橙味利口酒）

200～250毫升Fever-Tree地中海汤力水（也可用你喜欢的原味汤力水替代）

橙子片、柠檬片、青苹果片和一颗新鲜草莓，装饰用

一人份

这是对经典桑格利亚汽酒的全新尝试。柑橘果味飘香，可口又解暑。

将除装饰物外的所有酒水原料倒入加冰的大只苹果杯（ballon）/高脚酒杯（copa glass）/大号葡萄酒杯中，最后加汤力水，用吧勺轻轻搅拌。挑选几样水果片加入其中，杯沿用草莓片装饰。尽快饮用。

注：如需制作大份，加入750毫升葡萄酒，其他原料用量增至7倍，可供6～8人饮用。

完美汽酒

35毫升阿贝罗酒

75毫升冰镇普罗塞克起泡酒

苏打水，用于加满杯子

装饰用的橙子片

一人份

不要理会阿贝罗酒瓶身上的内容，放心按此配方制作。相信意大利人之所以调配这款汽酒，自有他们的道理。

向大只苹果杯或高脚酒杯中倒入半杯冰块，加入阿贝罗酒和一半的普罗塞克起泡酒，轻轻搅拌，再加入剩下的普罗塞克起泡酒。倒满苏打水，再装饰上橙子片即可饮用。

桃红玫瑰汽酒

50 毫升阿贝罗酒

25 毫升西番莲汁

5 毫升鲜榨青柠汁

75 毫升冰镇桃红普罗塞克起泡酒

几个青柠角

一人份

自从阿贝罗汽酒风靡全球之后，苦中带甜的阿贝罗酒也人气大增。本配方加入桃红普罗塞克起泡酒和西番莲，花香与果香完美融合。

在大只苹果杯 / 高脚酒杯 / 大号葡萄酒杯中加入半杯冰块。倒入阿贝罗酒、西番莲汁和青柠汁，用吧勺搅拌，倒满冰镇好的桃红普罗塞克起泡酒。装饰几块青柠角，插上吸管就可以上桌了。

草莓汽酒

15 毫升草莓糖浆（见第 8 页）

50 毫升阿贝罗酒

75 毫升冰镇果味桃红葡萄酒（智利赤霞珠葡萄酒是一绝）

15 毫升鲜榨柠檬汁

200～250 毫升苏打水

装饰用的草莓片和柠檬片

一人份

这款酒是完美汽酒（见第 37 页）的温和版，清新可口，夹带诱人的草莓香，是完美的夏日开胃酒。

将草莓糖浆倒入高球杯中。加入阿贝罗酒、桃红葡萄酒和柠檬汁，搅拌。加入大量冰块，倒入苏打水，用量不要超过 250 毫升。用草莓片和柠檬片装饰，尽快饮用。

帕洛玛

1 个青柠角和海盐，装饰玻璃杯沿
50 毫升白色龙舌兰酒
10 毫升鲜榨青柠汁
西柚苏打水，用于加满杯子
装饰用的粉红西柚片

一人份

出了墨西哥，属玛格丽特在龙舌兰鸡尾酒界最具盛名，而在墨西哥境内，最受欢迎的龙舌兰饮品当属帕洛玛。哈维尔·科罗纳·德尔加多（Don Javier Corona Delgado）于 1945 开始其调酒生涯，后在其位于龙舌兰镇的酒吧（La Capilla）中推出这款别具一格的帕洛玛鸡尾酒。

准备一个高球杯，用青柠角环绕杯沿挤出汁水，后将杯沿蘸上海盐。在准备好的高球杯中加入足量冰块，倒入所有除西柚片外的酒水原料，搅拌混匀，再用粉红西柚片装饰，即可饮用。

哈利斯科午休

25 毫升鲜榨柠檬汁
15 毫升龙舌兰糖浆
5 片新鲜薄荷叶
50 毫升微陈龙舌兰酒（reposado tequila）
50 毫升姜汁啤酒
装饰用的新鲜薄荷叶

一人份

这款酒口感清爽，在莫吉托配方的基础上用龙舌兰酒代替朗姆酒，洋溢着淡淡的草本清香。

将柠檬汁、龙舌兰糖浆和薄荷叶加入高球杯，轻轻搅拌。在杯中装满碎冰，加入龙舌兰酒和姜汁啤酒，轻轻搅拌，最后用薄荷叶点缀。

航空邮件

35 毫升黑朗姆酒

15 毫升鲜榨青柠汁

10 毫升蜂蜜与 10 毫升开水混合

冰镇普罗塞克起泡酒或其他干白起泡葡萄酒，用于加满杯子

1 个青柠片，装饰用

一人份

这款混合了起泡白葡萄酒、鲜榨青柠汁和黑朗姆酒的鸡尾酒既清爽又精致！

将朗姆酒、青柠汁和蜂蜜水加入古典杯中，加少量冰块，搅拌。加满普罗塞克起泡酒，再用青柠片装饰便大功告成。

起泡莫吉托

10 片薄荷叶，另备几片用作装饰

1 茶匙白砂糖

半只青柠，切成青柠角

35 毫升白朗姆酒

冰镇普罗塞克起泡酒或其他干白起泡葡萄酒，用于加满杯子

一人份

这款酒包罗了莫吉托的所有美妙，用普罗塞克起泡酒代替苏打水，整场聚会都将活力满满。

将薄荷叶、白砂糖和青柠角放入高球杯中，捣出汁。加入朗姆酒，搅拌后向杯中加入碎冰。再倒满普罗塞克起泡酒，轻轻搅拌。还可放上些拍碎的薄荷叶作为点缀。

吉姆雷特金汤力

50 毫升金酒

100 毫升冰镇汤力水

100 毫升冰镇气泡水 / 苏打水

20 毫升青柠甜酒（Rose's Lime Cordial）

装饰用的青柠片

一人份

这款酒的灵感来自吉姆雷特鸡尾酒（由金酒和青柠甜酒混合而成的海军鸡尾酒），其中青柠甜酒是预防水手坏血病的古方。

向大只苹果杯 / 高脚酒杯 / 大号葡萄酒杯中装入半杯冰块，加入金酒和青柠甜酒，搅拌。再用汤力水和苏打水加满杯子，再次搅拌后，添入几块冰块。最后用青柠片装饰即可。

海岛黛西

120 毫升金酒

60 毫升橙味利口酒

60 毫升鲜榨青柠汁

10 毫升龙舌兰糖浆

苏打水或气泡水，用于加满杯子

装饰用的青柠角

四人份

在玛格丽特鸡尾酒配方的基础上用金酒代替龙舌兰酒，返璞归真，复刻了原先的黛西（Daisy）鸡尾酒。我们保留传统做法，加入橙味利口酒和气泡水，让柑橘味和碳酸交织碰撞。

预先将 4 只古典杯 / 平底玻璃杯放入冰箱冰镇。

将金酒、橙味利口酒、青柠汁和龙舌兰糖浆加入摇杯中，加入少量冰块，摇晃混合。倒入冰镇过的杯子中，倒满苏打水，用青柠角装饰即可。

树莓利克酒

4 颗新鲜树莓

50 毫升伏特加

20 毫升鲜榨青柠汁

5 毫升香博（Chambord）利口酒（黑莓利口酒）

苏打水，用于加满杯子

装饰用的青柠角

一人份

在原先金利克鸡尾酒配方的基础上加入树莓，形成了这款果味平衡的有趣饮品，用它来开启你的仲夏之夜吧！

在高球杯中加入树莓，捣碎。向杯中加满冰块及剩下的酒水原料，轻轻搅拌。用青柠角装饰，插入吸管即可享用。

浆果凯皮路易斯加

4 个青柠角

2 块方糖

一些新鲜浆果（草莓、树莓、蓝莓都可以），多准备一些作为装饰

50 毫升伏特加

鸡尾酒签

一人份

新鲜浆果赋予这款鸡尾酒美妙的清甜果香，使其成为户外餐前的绝佳开胃酒。

把青柠角、3～5 颗浆果和方糖加入岩石杯中，捣碎，挤出果汁。

倒入伏特加，再加入碎冰，轻轻搅拌均匀。将新鲜的浆果串在鸡尾酒签上点缀即可。

雨果

4片薄荷叶，多备一些用于装饰

¼个青柠，切成青柠角

25毫升接骨木花甜酒
（elderflower cordial）

冰镇普罗塞克起泡酒，用于加满杯子

苏打水

一人份

接骨木花甜酒和捣碎的薄荷组合起来可以使炎热的夏天变得清爽。还可以用无酒精起泡葡萄酒代替普罗塞克起泡酒，调出无酒精版本。

将4片薄荷叶和青柠角放入苹果杯中，轻轻搅拌。加入接骨木花甜酒、少量冰块，将普罗塞克起泡酒倒至半满。轻轻搅拌。最后再倒满普罗塞克起泡酒和少量苏打水，用剩下的薄荷叶装饰，插上吸管便可上桌。

诺娜花园

3片黄瓜厚片，多备1薄片用于装饰

5毫升鲜榨柠檬汁

1茶匙白砂糖

4片薄荷叶，多备一些用于装饰

冰镇普罗塞克起泡酒，用于加满杯子

一人份

黄瓜和薄荷的绝妙相遇，香气清新盈动——如同置身于刚除过草的美丽花园！也可以尝试用新鲜罗勒或鼠尾草叶代替薄荷。

把黄瓜、柠檬汁、白砂糖和4片薄荷叶放入摇杯，搅拌均匀。在摇杯中加入冰块至半满，用力摇晃。滤入冰镇过的苹果杯中，倒满普罗塞克起泡酒。用薄荷叶和黄瓜片加以点缀。

海风

30 毫升伏特加
150 毫升蔓越莓汁
50 毫升鲜榨西柚汁
1 个青柠角，用于装饰

一人份

这款鸡尾酒是为海滩派对而生的，西柚、蔓越莓结合伏特加的风味，共同打造出一种阳光冲浪的美妙。

在高球杯中加冰块至半满，倒入伏特加，加入蔓越莓汁和西柚汁。搅拌后用青柠角装饰，即可享用。

莫斯科骡子

50 毫升伏特加
4 个青柠角
冰镇姜汁啤酒，用于加满杯子

一人份

生姜啤酒赋予饮品爽快的辛辣口感，与微酸的青柠巧妙搭配，成全了这杯完美的夏日饮品。

将伏特加倒入盛满冰的高球杯中，将青柠角的汁挤入杯中，挤完的青柠角也加入其中，最后倒满姜汁啤酒，搅匀即可享用。

海湾清风

175 毫升黄金朗姆酒
385 毫升蔓越莓汁
175 毫升菠萝汁
装饰用的青柠角

四人份

这款鸡尾酒制作十分简单，特别适合大型聚会，只需提前将原料准备好，饮用前加入冰块即可。

将除青柠角外的所有酒水原料倒入加满冰的大壶/罐中，搅拌后分装入加满冰块的4只高球杯中，用青柠角装饰即可享用。

热带莫吉托

1个青柠，切成8个青柠角
4颗荔枝（糖渍的或新鲜的皆可）
6枝新鲜薄荷
90毫升椰子白朗姆酒（如马利宝）
30毫升荔枝利口酒
30毫升菠萝汁

二人份

这款酒在经典莫吉托鸡尾酒配方的基础上增加了椰子朗姆酒和荔枝利口酒，使饮品风味更加有热带风情。

将青柠角、荔枝和薄荷放入摇杯中捣碎。加入朗姆酒、荔枝利口酒和少量冰块，用力摇匀。滤入2只鸡尾酒杯中，加满菠萝汁即可享用。

波本起泡酒

20 毫升美格 46 波本威士忌（Maker's 46 Bourbon）

20 毫升鲜榨粉红西柚汁

10 毫升枸杞糖浆（见第 9 页）

5 毫升金巴利酒

75 毫升冰镇普罗塞克起泡酒

50 毫升苏打水

1 枝新鲜的迷迭香和 1 条西柚皮，用作装饰

一人份

这款酒清新爽口，是完美的餐前饮品。

在大号葡萄酒杯中加入一半冰块，倒入波本威士忌、粉红西柚汁、枸杞糖浆和金巴利酒，轻轻搅拌 5～10 秒，混合均匀。加满普罗塞克起泡酒和苏打水，搅拌，并饰以迷迭香和西柚皮。

威名显赫

45 毫升美格波本威士忌（Maker's Mark Bourbon）

45 毫升蔓越莓汁

15 毫升香博黑树莓利口酒（Chambord Black Raspberry Liqueur）

15 毫升鲜榨柠檬汁

10 毫升单糖浆（见第 8 页）

3 颗新鲜树莓

10 毫升蛋清

1 条柠檬皮和 1 颗新鲜树莓，用作装饰

一人份

乔凡尼·布尔迪（Giovanni Burdi）于 1998 年在伦敦一家酒吧（Match Bar）调制出一款鸡尾酒，本配方对其进行了改编，证明用波本威士忌调制果味鸡尾酒也毫不逊色。

将除装饰物外的所有原料倒入摇杯中，先“干”摇，不加冰，使蛋清乳化。

再加入冰块使劲摇晃，滤入加了半杯冰块的高球杯中，用柠檬皮和树莓点缀即可。

巴坦加2号

1个青柠角和海盐

50毫升田园8号白龙舌兰酒（Ocho Blanco tequila）

25毫升雅凡娜利口酒（Averna）

20毫升鲜榨柠檬汁

25毫升单糖浆（见第8页）

装饰用的青柠片

一人份

这是墨西哥的另一款万人迷饮品。巴坦加1号的配方中采用龙舌兰酒、青柠、盐和可口可乐，而我个人更喜欢这一改良版，由卡尔·弗兰格尔（Carl Wrangel）于哥本哈根吠犬餐厅（Barking Dog）调制而成，没有沿用可口可乐，取而代之的是口感微苦的意大利雅凡娜利口酒。

用青柠角摩擦高球杯边沿，后将杯沿蘸上海盐。将除青柠片外的所有酒水原料倒入摇杯中，加入冰块，摇晃12~15秒。过滤两次，滤入加了半杯冰块的玻璃杯中，用青柠片装饰。

暗黑恶魔

50毫升田园8号白龙舌兰酒或类似产品

25毫升鲜榨青柠汁

10毫升新鲜姜汁

20毫升单糖浆（见第8页）

10毫升黑醋栗利口酒

冰镇姜汁啤酒，用于加满杯子

装饰用的青柠角

一人份

这款经典龙舌兰鸡尾酒首次出现在《商人维克的饮食书》（*Trader Vic's Book of Food & Drink*）中时名为“Mexican El Diablo”（译为“墨西哥恶魔”）。在此基础上，我加入了新鲜姜汁，更添些许风味。

在摇杯中加入少量冰块，倒入除姜汁啤酒和青柠角外的所有酒水原料，使劲摇匀。滤入高球杯，倒满姜汁啤酒，用青柠角装饰。

薄荷朱丽普

8～10 片新鲜薄荷叶，多备 3～4 枝薄荷用于装饰

25 毫升单糖浆（见第 8 页）

75 毫升酩帝诗波本威士忌（Michter's Bourbon）或类似产品

一人份

这款酒起源于 18 世纪美国南部，是美国肯塔基赛马会的王牌酒品。薄荷、糖浆、波本威士忌与碎冰在炎炎夏日相遇，迸发出无可匹敌的清爽能量。

将薄荷叶和糖浆加入朱丽普杯（Julep tin）或平底玻璃杯中，轻轻搅拌，让薄荷油释放（过度搅拌薄荷叶会释放出叶绿素，口感苦涩，所以请轻轻搅拌）。加入波本威士忌和碎冰，搅拌约 30 秒，直到酒杯外侧结霜。再加入一些碎冰，用薄荷叶装饰，插上吸管便可上桌。

波本寇伯乐

1 个菠萝片

1 个橙子片

1 个柠檬片

50 毫升波本威士忌

15 毫升橙味利口酒（orange Curaçao）

1 枝新鲜薄荷，用于装饰

一人份

如果除了薄荷朱丽普之外还想尝试些热带风味的酒品，不妨试试这杯清新的波本寇伯乐鸡尾酒。

在岩石杯中轻轻将三种水果的果汁挤出，释放浓郁果味，加入波本威士忌、橙味利口酒和冰块，搅拌均匀。然后再加些冰块搅拌，用新鲜薄荷装饰，插上吸管就大功告成了。

德比朱丽普

7.5 毫升稀蜂蜜

8 片新鲜薄荷叶

60 毫升鹰牌珍藏波本威士忌（Eagle Rare Bourbon）或类似产品

30 毫升新鲜粉红西柚汁

5 毫升杏仁糖浆

1 枝新鲜薄荷，粉红西柚切成扇形，装饰用

一人份

这款清新的酒品介于布朗德比鸡尾酒（brown derby）和经典的薄荷朱丽普之间。布朗德比酒的原料为波本鸡尾酒、西柚和蜂蜜。

将蜂蜜和薄荷叶加入高球杯打底，轻轻捣碎，让薄荷油释放。加入除装饰物外的所有其他酒水原料，倒入碎冰，搅拌 20～30 秒。用大片薄荷和新鲜粉红西柚装饰，西柚要切成扇形，插上吸管便可上桌。

佐治亚薄荷朱丽普

8 片新鲜薄荷叶

2 滴安古斯图拉苦精

25 毫升桃味利口酒

75 毫升威廉罗伦 12 年波本威士忌（W.L. Weller 12 Year Old Bourbon）

2～3 枝新鲜薄荷，2 片新鲜或冷冻桃子片，糖霜 / 糖粉，装饰用

一人份

波本威士忌、薄荷和水蜜桃也是王牌组合（最初的配方还会用到白兰地），有的配方会用杏味白兰地代替桃味利口酒。

将薄荷叶、苦精和桃味利口酒加入朱丽普杯或玻璃杯，轻轻捣碎，让薄荷油释放。加入波本威士忌和碎冰，搅拌 30 秒，直到酒杯外侧结霜。再加入些碎冰，用薄荷和桃子片装饰。最后撒上糖霜或糖粉，插上吸管便可饮用了。

芙蓉高杯酒

50 毫升卡贝萨龙舌兰酒（Cabeza tequila）或其他白色龙舌兰酒

25 毫升鲜榨青柠汁

25 毫升芙蓉糖浆（见第 9 页）

冰镇苏打水，用于加满杯子

可食用花瓣，装饰用（可选）

一人份

芙蓉水在墨西哥是一种很受欢迎的非酒精饮料，后来发现很适合用来调配清爽的龙舌兰鸡尾酒。

在高球杯中加入半杯冰块，把除花瓣外的所有酒水原料加入其中，搅拌混合，冰镇。用可食用的花瓣装饰即可享用。

斗牛士

50 毫升田园 8 号白色龙舌兰酒（Ocho Blanco tequila）

25 毫升鲜榨青柠汁

30 毫升菠萝汁

7.5 毫升绿色查特酒（Green Chartreuse）

5 毫升龙舌兰花蜜

干菠萝片、干青柠片和胡椒粉，装饰用（可选）

一人份

我将这款经典鸡尾酒进行了“升级”，加入了绿色查特酒。草本植物的芳香与龙舌兰和菠萝的甜味相得益彰。

在摇杯中加入少量冰块，倒入除装饰物外的所有酒水原料，摇匀。滤入高球杯，最后用干菠萝片和青柠片以及胡椒粉装饰。

陈年龙舌兰高杯酒

50 毫升陈年朗姆酒

15 毫升橙味利口酒

15 毫升鲜榨青柠汁

2 滴安古斯图拉苦精

冰镇姜汁啤酒，用于加满杯子

1 条螺旋形的橙子皮，装饰用

一人份

“要想做好加勒比类的鸡尾酒，朗姆酒、青柠和橙味利口酒三者缺一不可。”美国传奇调酒师戴尔·德·格罗夫（Dale de Groff）如是说。他创作了这款酒品，向古巴经典鸡尾酒致敬。

将前 4 种原料加入装满冰块的高球杯，再加满姜汁啤酒，轻轻搅拌，上桌前用橙子皮点缀即可。

庄园主宾治

50 毫升波多黎各淡朗姆酒（light Puerto Rican-style rum）

50 毫升鲜榨橙汁

30 毫升鲜榨柠檬汁

15 毫升石榴汁

25 毫升冰镇苏打水

10 毫升牙买加黑朗姆酒（dark Jamaican rum）

1 个橙子片和 1 颗鸡尾酒樱桃，装饰用

一人份

酒如其名，“庄园主宾治”是加勒比地区的庄园主劳作一天后在家自制的宾治。因此配方并不固定，只需遵循宾治的八字口诀“酸甜混合，浓淡搭配”即可。

在摇杯中加入淡朗姆酒、橙汁、柠檬汁和石榴汁，摇匀后倒入加满碎冰的高球杯中，再倒满苏打水。

轻轻淋上黑朗姆酒——使其自然浮在表面。上桌前还可点缀上橙子片和鸡尾酒樱桃。

浆果司令

25 毫升金酒

25 毫升黑刺李金酒

25 毫升鲜榨柠檬汁

10 毫升单糖浆（见第 8 页）

100 毫升苏打水

10 毫升黑莓利口酒

1 颗新鲜草莓和 1 片柠檬，装饰用

一人份

对于这款鸡尾酒，只要略加巧思，就能实现外观和口感的双丰收。末了滴入几滴黑莓利口酒，便能荡漾出颇具美感的大理石波纹。

在加冰的摇杯中加入金酒、黑刺李金酒、柠檬汁和糖浆，摇匀。滤入盛满碎冰的司令酒杯（sling glass）或高球杯中。最后倒满苏打水，滴入几滴黑莓利口酒。配上草莓和柠檬片便可上桌。

新加坡司令

25 毫升金酒

25 毫升樱桃白兰地

10 毫升本尼迪克特甜酒（Benedictine）

25 毫升鲜榨柠檬汁

少许安古斯图拉苦精

苏打水，用于加满杯子

1 条柠檬皮和 1 颗樱桃，装饰用

一人份

这款酒诞生于新加坡莱佛士酒店（Raffles hotel）的长廊酒吧（Long Bar），复杂程度可谓一绝。当时调酒还十分讲究，不像今天经常使用预先调好的平价原料。新加坡司令的配方究竟为何，众人莫衷一是；本书选择的是最佳版本之一。

将除装饰物外的所有酒水材料放入装满冰块的广口杯中，轻轻搅拌。

连冰块倒入司令杯或高球杯中，再加满苏打水，用柠檬皮和樱桃装饰。

冰沙&漂浮沙士

薄荷朱丽普冰沙

160 毫升水

100 克白糖

6 枝新鲜薄荷，多备几片用于装饰

60～80 毫升波本威士忌

二人份

薄荷、糖浆和波本威士忌的组合让你唇齿酥麻且神清气爽，这就是炎炎夏日饮冰的快感所在。

将水、白糖和薄荷一起放入锅中煮沸。把火关小，文火煮约 5 分钟，微微转动炖锅，直到糖浆变稀。关火，充分冷却后放入冰箱，需要时取用。

把冰块捣碎后装满两个高球杯。每杯倒入一半的薄荷糖浆和一半的波本威士忌，充分搅拌。用薄荷装饰，插上吸管即可上桌。

海风冰沙

125 毫升伏特加

125 毫升蔓越莓汁

60 毫升西柚汁

另外：

200 毫升蔓越莓汁

30 毫升石榴汁

60 毫升伏特加

可冷冻的有盖容器

二人份

点一杯海风冰沙，西柚和蔓越莓的香气便扑鼻而来。配方所需材料可提前准备，所以非常方便。

将伏特加、蔓越莓汁和西柚汁放入可冷冻的容器，盖上盖子冷冻一夜。饮用前，将容器从冰箱中取出，用叉子将内容物压成绵密的冰沙。在两只玻璃杯里各倒入一半蔓越莓汁、一半石榴汁和伏特加。最后舀一大勺做好的冰沙放入杯中。插上吸管，即可享用。也可以加一个鸡尾酒伞（见第 68 页）。

爆竹冰棒冰沙

美国著名的爆竹冰棍与美国国旗的三色相呼应，红、白、蓝分别代表樱桃、柠檬和蓝莓。以此为灵感自制一杯香甜可口、活力四射的冰沙，有谁能够抵御这种诱惑？

蓝莓冰沙原料：

30 毫升蓝色橙味利口酒

100 毫升伏特加

30 毫升香博黑树莓利口酒或其他树莓利口酒

100 毫升柠檬气泡水

柠檬冰沙原料：

125 毫升伏特加

180 毫升柠檬气泡水

1 只柠檬，挤汁

樱桃冰沙原料：

125 毫升伏特加

180 毫升樱桃汁

另外：

新鲜草莓，装饰用

3 个可冷冻的有盖容器

二至三人份

将三种口味的冰沙原料分别在 3 个碗中混合，分别放入 3 个可冷冻的容器中，盖上盖子，放入冰箱冷冻一夜。

饮用前取出，用叉子压成绵密的冰沙。在每个飓风杯（hurricane glass）或高球杯中依次加入蓝莓、柠檬、樱桃三层等量的冰沙。用草莓片点缀，插上吸管便可尽情享用。

蓝莓珍珠冰沙

这款冰沙的灵感来自中国台湾的珍珠奶茶。珍珠奶茶传统上是用木薯珍珠做的，但本配方用蓝莓味和柠檬味的果汁爆珠代替。晶莹剔透的爆珠在杯中盈盈浮动，让冰沙更加光彩夺目。

蓝莓糖浆原料：

200 克新鲜蓝莓

60 克白糖

1 只柠檬，挤汁

120 毫升水

另外：

12 颗新鲜蓝莓，装饰用

2 条长条柠檬皮，装饰用

60 毫升伏特加

2 汤匙蓝莓味和柠檬味果汁爆珠

2 根木签，装饰用

二人份

把水、蓝莓、糖和柠檬汁放入锅中，文火煮 5～10 分钟，直到蓝莓变软。后倒入滤网中，用勺子按压，尽量将蓝莓汁滤尽。将滤渣丢弃，蓝莓糖浆静置冷却。

把 12 颗蓝莓、2 条柠檬皮分别串在 2 根木签上，用作装饰（见左页图）。

把两只高球杯分别装满碎冰。每杯各加入一半蓝莓糖浆、一半伏特加，轻轻搅拌。每杯饮品顶部加入一匙爆珠，摆上水果串，插上粗吸管便可饮用。

椰林飘香冰沙

躺在泳池畔，椰林飘香鸡尾酒永远是我的不二之选，它总会让我如临海滩，仿佛头顶便是葱茏的棕榈树。遗憾的是，人生没有那么多机会躺在泳池畔——但是在家里饮一杯自制的冰沙，也一样能让你思绪流转，人生瞬间阳光明媚。如果想要有更加淋漓尽致的热带氛围，可以用挖空的椰子或菠萝作为容器。想让冰沙酒味浓些，可在菠萝汁之后再加点朗姆酒。

125 毫升椰奶

125 毫升椰子朗姆酒，如马利宝朗姆酒

60 毫升伏特加

375 毫升菠萝汁

另外：

200 毫升菠萝汁（不一定要全部用完）

在鸡尾酒签 / 木签上串上樱桃和菠萝角，作为装饰

可冷冻的有盖容器

2 只菠萝壳 / 椰子壳

二人份

将买来的椰奶充分混匀，以去除罐口处可能存在的结块。将椰奶、朗姆酒、伏特加和 375 毫升菠萝汁倒入可冷冻的容器中，搅拌均匀。盖上盖子，放入冰箱冷冻一夜。

调酒前，从冰箱取出容器。冰冻混合物分离属正常现象，不必担心。用叉子将其压成冰沙。慢慢加入另备的菠萝汁，混合（菠萝汁不一定全部用完，根据杯子大小调整用量）。

把冰沙分装在 2 只飓风杯 / 高球杯或菠萝壳 / 椰子壳中，插上吸管，把樱桃和菠萝角串在鸡尾酒签 / 牙签上作为装饰。

柠檬雪泥

这款饮品大概是世界上卖相最出色的沙冰，无论作为饮料还是甜点都很适合。在冰箱备上一桶柠檬雪芭和几瓶气泡水，调制方便，想喝就喝！

60 毫升冰冻伏特加

2 大汤匙柠檬雪芭

少许蛋清（可选）

400 毫升冰镇普罗塞克起泡酒或阿斯蒂起泡葡萄酒或其他起泡白葡萄酒

细切柠檬皮，装饰用

二人份

时间充裕的话，先把伏特加和小碗放在冰箱中冰镇几个小时。然后在碗中加入伏特加、柠檬雪芭、蛋清（建议使用，有助于起泡）和一半的普罗塞克起泡酒，充分搅拌混合。

倒入冰镇过的碟形杯 / 鸡尾酒杯 / 笛形香槟杯中。加入剩下的普罗塞克起泡酒，轻轻搅拌。撒上细切柠檬皮即可饮用。

西海岸日落

500 毫升芒果雪芭（每人份需要 1 大勺）

10 毫升石榴汁或草莓糖浆（见第 8 页）

冰镇桃红起泡葡萄酒，用于加满杯子

新鲜青柠汁或橙汁，用于调味

一人份

与其说它是一杯鸡尾酒，不如说是一场视觉盛宴——撷取一片橙红的晚霞装进玻璃杯。

提前 10 分钟将芒果雪芭从冰箱中取出，使其软化一些。把石榴汁或糖浆倒入大鸡尾酒杯或碟形杯中，用冰淇淋勺舀一勺芒果雪芭加入杯中。上桌前加满桃红起泡葡萄酒，再用新鲜青柠汁或橙汁调味，放上小勺便可享用。

柠檬雪芭

8 个柠檬雪芭球

60 毫升粉红金酒（最好是红色浆果味）

冰镇桃红起泡葡萄酒（意大利的 Rosato Frizzante 就不错）

几颗新鲜树莓和细切柠檬皮，用作装饰

二人份

经典意大利柠檬雪泥鸡尾酒（sgroppino，见第 79 页）的改良版，柠檬雪芭、起泡葡萄酒和粉红金的绝美融合，可以作为甜点为夏日餐饭甜蜜收尾。

提前 10 分钟将柠檬雪芭从冰箱中取出。用冰淇淋勺各舀 4 勺雪芭加入 2 个高球杯中，各倒入一半粉红金酒，并用桃红起泡葡萄酒加满，用几颗树莓和柠檬皮装饰，插上吸管即可饮用。

改良版菠萝桃红酒

如果你想办一场夏威夷夏日主题派对，需要热带风情更多一些，那么这杯经典草莓桃红酒（见第 88 页）的改良版桃红酒完全就是为你量身定做的。

1 瓶 750 毫升浓醇桃红葡萄酒（黑品诺或美乐就很好）

250 毫升菠萝汁

45 毫升百加得（Bacardi）白朗姆酒或其他类似产品

30 毫升单糖浆（见第 8 页）

30 毫升鲜榨青柠汁

½ 个新鲜红辣椒，去籽切碎，再多备些作为装饰（可选）

1 个菠萝叶或菠萝角，装饰用

1 个可冷冻的有盖容器

四人份

将桃红葡萄酒和菠萝汁倒入可冷冻的容器中，搅拌混合，冷冻至固态。从冰箱中取出，解冻 35～40 分钟，直到可用叉子压碎但仍有大量冰晶的状态。

将上述混合物舀入搅拌机，加入百加得朗姆酒、糖浆、青柠汁和辣椒，搅拌约 30 秒，直到起泡且辣椒分散分布。用勺子舀入 4 只碟形杯或鸡尾酒杯中，加入一片菠萝叶或菠萝角以及少量红辣椒作为装饰（可选）即可饮用。

西瓜青柠薄荷桃红酒

这是独一无二的夏日避暑神器。把各类酒水倒进搅拌机，顷刻间便有了这款令人唇齿酥麻、神清气爽的饮品，未成年人请勿饮用哦。

1 瓶 750 毫升浓醇桃红葡萄酒（黑品诺或美乐就很好）

250 毫升新鲜西瓜汁（方法见右侧）

60 毫升西瓜桃红糖浆（见第 9 页）

45 毫升鲜榨青柠汁

30 毫升伏特加

5～6 片新鲜薄荷叶，洗净，拍干

青柠片、西瓜球和细切青柠皮，装饰用

制作西瓜桃红糖浆，还需 500g 西瓜果肉，切块备用

1 个可冷冻的有盖容器

四人份

按第 9 页的方法制作西瓜桃红糖浆，冷却备用。

将切好的西瓜块倒入搅拌机中搅拌，直至呈果泥状。将其用筛子滤入大罐 / 壶中，弃去残渣，即可得到西瓜汁。

将桃红葡萄酒和西瓜汁倒入可冷冻的容器中，搅拌混合，冷冻至凝固。从冰箱中取出，解冻 35～40 分钟，直到可用叉子压碎但仍有大量冰晶的状态。

将上述混合物舀入搅拌机，加入西瓜桃红糖浆、青柠汁、伏特加和薄荷叶，搅拌约 30 秒，直到呈淡粉色、起泡，且薄荷分散分布。分装到 4 只碟形杯中，用青柠片、西瓜球和柠檬皮装饰。插上吸管尽快饮用。

金汤力漂浮沙士

无论是过去还是现在，香甜可口的冰淇淋一直都是孩子们的心中挚爱。这款以金汤力为基础的漂浮沙士加入了口味酸甜的柠檬雪芭，与冰淇淋有异曲同工之妙。雪芭的美妙之处在于，慢慢融化的过程中，可以用吸管尝到一些刚化开的甜水。那种求之不得的期待，比唾手可得的布丁更值得玩味。使用不同口味的金酒和雪芭，便可打造出与众不同的全新口感，为这款饮品赋予了无限的可能。血橙的活力，黑醋栗的酸意，甚至更为奢侈的香槟雪芭都是不错的选择。

50 毫升必富达金酒（Beefeater Gin）或类似产品

150 毫升冰镇英伦精粹汤力水（London Essence Co. Classic London Tonic Water）或类似产品

一大勺柠檬雪芭或你喜欢的其他口味

细切柠檬条，装饰用

一人份

提前 10 分钟将雪芭从冰箱中取出，使其适当软化。

将金酒和汤力水在苹果杯 / 碟形杯中混合，加入一勺雪芭，确保不起泡，也不会使酒水溢出。

用柠檬条装饰，放上勺子即可享用。

经典草莓桃红酒

炎炎夏日，有什么能比喝冰镇葡萄酒来得更痛快？恐怕只有这杯加冰桃红酒了！虽然需要花点时间制作草莓糖浆，但绝对物超所值，桃红葡萄酒冷冻后在口感和色泽上可能会稍显不足，而草莓糖浆如同一场及时雨，为饮品增添了酸甜果味和粉嫩色调。

1 瓶 750 毫升浓醇桃红葡萄酒（黑品诺或美乐就很好）

100 毫升草莓糖浆（见第 8 页）

45 毫升鲜榨柠檬汁

细切柠檬皮，装饰用

1 个可冷冻的有盖容器

三至四人份

将桃红葡萄酒倒入可冷冻的容器，放进冰箱冷冻 4～5 小时，直至几乎完全冻住。

从冰箱中取出，刮入搅拌机中，加入草莓糖浆、柠檬汁和一大勺碎冰，搅拌至质地细腻。

将混合物倒回容器，放回冰箱冷冻 35～40 分钟，直到混合物变稠但仍可用叉子压碎。用勺子舀入飓风杯或高球杯中，撒上柠檬皮装饰，插上吸管便可饮用。

黑色风暴漂浮沙士

黑色风暴可谓是一款完美的夏日鸡尾酒，再加几勺姜味青柠冰淇淋，瞬间清凉百倍。

500 毫升香草冰淇淋（商店购买）

2 颗蜜饯姜，切碎，另外多备些用于装饰

30 毫升蜜饯姜罐头中的糖浆

4 只青柠榨汁，果皮切碎，部分用于装饰

50 毫升黑朗姆酒

275 毫升姜汁啤酒

1 个可冷冻的有盖容器（可选）

一人份

提前 10～15 分钟将香草冰淇淋从冰箱中取出，使其软化，将其放入碗中，和蜜饯姜、姜味糖浆、青柠皮和青柠汁混合。将混合物舀入可冷冻的带盖容器中，放回冰箱冷冻几分钟。

预先把奶昔杯（milkshake glass）放入冰箱中冰镇几分钟。

舀一勺上述做好的姜味青柠冰淇淋放入冰镇过的奶昔杯底部，倒入朗姆酒和半份姜汁啤酒。待泡沫稳定后，加入剩下半份姜汁啤酒，如果喜欢，还可多加一勺冰淇淋。最后用切碎的蜜饯姜和青柠皮作为装饰。

树莓漩涡漂浮沙士

4 勺树莓漩涡冰淇淋（商店购买），或类似产品

10 颗新鲜树莓

500 毫升冰镇树莓苏打水或樱桃苏打水

粉色糖屑，装饰用

二人份

还记得孩提时爬树探险，吃树莓漩涡冰淇淋的美好回忆吗？让这杯树莓漩涡漂浮沙士带你重温无忧无虑的童年时光。

在 2 只奶昔杯底部各加一勺冰淇淋，每杯中加入等量树莓，倒入树莓苏打水或樱桃苏打水，然后再各加一勺冰淇淋。用糖屑装饰，插上吸管便可上桌了。

五香杏仁漂浮沙士

140 克生杏仁

2 汤匙红糖

1 茶匙肉桂粉，再多备些用作装饰

125 毫升黑朗姆酒（可选）

4 勺香草冰淇淋，或其他自选口味（试试巧克力或咸焦糖口味）

四人份

在夏日烧烤的末尾奉上一杯漂浮沙士绝对令人耳目一新。这款饮品清爽不油腻，很适合作为餐后甜点。

把杏仁泡在水里 6～24 小时。

将杏仁沥干后加入搅拌机，倒入 500 毫升水，再加入红糖、肉桂粉和黑朗姆酒（可选），搅拌至质地细腻后倒入加满冰块的大罐 / 壶中。在 4 只高球杯中装满碎冰，再倒入上述混合液体，记得距杯口留出 2.5 厘米的空间。放上一勺冰淇淋，撒上一点肉桂粉即可上桌。

宾治

粉饰太平*

250 毫升瑞典柠檬味绝对伏特加（Absolut Citron）或类似产品

250 毫升瑞典黑加仑味绝对伏特加（Absolut Kurrant）或类似产品

2 升苹果汁

50 毫升单糖浆（见第 8 页）

5 毫升安古斯图拉苦精

60 毫升新鲜青柠汁

柠檬片或青柠片，装饰用

十人份

这款饮品诞生于 20 世纪 90 年代，当时调味伏特加风靡全球。黑加仑味或柠檬味伏特加与苹果汁混合，成就了一杯清淡爽口的鸡尾酒。几杯下肚，眼前的世界都变得轻盈美好了。

将除装饰物外的所有酒水原料倒入盛满冰块的大罐中，轻轻搅拌均匀。

倒入盛满冰块的高球杯中，饰以柠檬片或青柠片即可享用。

奢华版飘仙一号

400 毫升飘仙一号利口酒（Pimm's No.1）

50 毫升接骨木花甜酒

1 瓶 750 毫升冰镇普罗塞克起泡酒

草莓、橙子、柠檬和黄瓜切片，以及薄荷叶，装饰用

六人份

一旦做此尝试，便会不停地质问自己，为什么没有早点儿把普罗塞克起泡酒加到飘仙一号里，它简直是王炸级别。不过，友情提示，这样调出来的酒比普通的飘仙一号加柠檬水要烈！

在一个大壶 / 罐中装满冰块，加入飘仙一号利口酒、接骨木花甜酒，轻轻搅拌均匀。然后加入切片水果及普罗塞克起泡酒。

将上述混合物分装到 6 只加满冰的高球杯中，用薄荷叶装饰即可。

* “粉饰太平” 的英文 Rose-tinted spectacles 本意为 “玫瑰色的眼镜”，透过它，整个世界都是玫瑰色的，看起来很美好，但可能只是假象，形容过于积极、乐观，只看到事物最好的一面，多用于暗示实际情况比想象中的要糟糕。——译者注

意大利之春宾治

50 毫升龙舌兰酒

25 毫升鲜榨青柠汁

25 毫升树莓糖浆（见第 9 页）

冰镇香槟或其他干型起泡酒，用于加满杯子

新鲜薄荷和树莓，装饰用

一人份

这款酒改良自迪克 · 布拉德塞尔（Dick Bradsell）的俄罗斯之春宾治（Russian Spring Punch），口感出色，树莓、龙舌兰酒搭配香槟——有什么理由不爱呢？

将除起泡酒和装饰物外的所有酒水原料倒入摇杯中，加入一些冰块，摇匀后倒入加满冰的高球杯中。最后倒满香槟或起泡酒，用薄荷和树莓稍加装饰。

飓风

50 毫升牙买加黑朗姆酒（dark Jamaican rum）

25 毫升鲜榨柠檬汁

25 毫升西番莲糖浆（直接从商店购买也行）

西番莲汁，用于加满杯子（可选）

1 颗鸡尾酒樱桃和 1 片橙子，装饰用

一人份

建议尽量不要使用市面上预调好的飓风酒，用市面上可以买到的不同的西番莲糖浆自制更有乐趣。如果想让其西番莲风味更持久，可以用一些西番莲汁。

将除装饰用的水果外所有原料倒入加冰的摇杯中，用力摇匀。滤入加满碎冰的飓风杯或提基杯，如有需要，可以加入西番莲汁，最后用鸡尾酒樱桃和橙子片装饰。

石榴宾治

500 毫升伏特加

750 毫升石榴汁

鲜榨西柚汁（5 个西柚）

鲜榨青柠汁（8 个青柠）

150 毫升单糖浆（见第 8 页）

500 毫升冰镇苏打水

长长的西柚皮和新鲜的薄荷，装饰用

十人份

这款宾治的外观一看便吸引着你喝它，不出意外地好喝！西柚皮的装饰很重要。

把伏特加、石榴汁、西柚汁、青柠汁和糖浆加入装满冰块的大壶 / 罐子里，加满苏打水，轻轻搅拌混合。再倒入加满冰的高球杯中，用西柚皮和薄荷装饰（参见左页）。

菠萝皮斯科宾治

1 瓶 700 毫升皮斯科酒（Pisco brandy）

鲜榨柠檬汁（9 个柠檬）

500 毫升冰镇苏打水

500 毫升菠萝糖浆（见第 9 页）

1 个菠萝角，装饰用

十人份

这款宾治是皮斯科酸（见第 29 页）的改良版，使用了自制的菠萝糖浆。

将菠萝糖浆和其他酒水原料倒入盛有冰块的大壶 / 罐中，轻轻搅拌均匀，再倒入装满冰块的高球杯中，用菠萝角装饰即可。

桃桃宾治

淡粉色的普罗旺斯桃红葡萄酒和桃子果酱，配上法国白兰地，交织出一场甜美动人的“三人行”（ménage à trois）。令人啧啧称奇！

4 个桃子，去核，切成角状

75 毫升白兰地

75 毫升荷兰桃味金酒

1 瓶 750 毫升冰镇桃红干葡萄酒

375 毫升瓶装桃汁 / 桃蜜或果酱（见注）

1～1.5 升冰镇印度汤力水

一些桃片和罗勒，装饰用

六至八人份

把切好的桃子放在一个大罐 / 壶里，倒入白兰地和桃味金酒，浸渍几个小时。

将葡萄酒和桃汁 / 桃蜜一起倒入罐子 / 壶里，加入大量的冰块，搅匀后加满汤力水。倒入装有冰块的平底玻璃杯中，用桃片和罗勒装饰后即可上桌。

注：如果找不到瓶装的桃汁或果酱，可以取 6 只桃子去核榨汁（375 毫升），滤去果肉残渣。如果觉得桃子不够甜，可以再加一点糖浆。

生姜浆果宾治

这款宾治做法简单，但味道独特，配方中不含烈酒，酒精含量非常低。饮用前需要放入冰箱冷藏几小时，让水果充分浸渍在葡萄酒中，增添风味。而姜味啤酒带来的丝丝辛香令人回味无穷。

1 瓶 750 毫升果味浓郁的甜型桃红葡萄酒，冰镇

100 克新鲜草莓，去皮，切片

100 克新鲜树莓

50 克白砂糖

1 升冰镇姜味啤酒

几片橙子，用来装饰

六至八人份

将葡萄酒倒入大罐 / 壶中，加入草莓、树莓和糖，盖上盖子，放入冰箱浸渍几小时。

调制前，把姜汁啤酒倒进罐 / 壶里搅拌，再倒入装满冰块的平底玻璃杯中，每杯加几颗用葡萄酒浸渍过的浆果，用橙子片装饰，即可饮用。

樱桃香草之吻

125 毫升白糖

400 克新鲜樱桃，去核

1 整个香草荚 / 豆（可选）

1 瓶 750 毫升果味浓郁的甜型桃红葡萄酒，冰镇

125 毫升白兰地

125 毫升莫利洛黑樱桃甜酒（Morello cherry cordial）

65 毫升樱桃苦精

500 毫升杯冰镇苏打水

香草荚 / 豆，装饰用（可选）

八人份

这款酒以棉花糖为灵感，与樱桃爱好者是绝配。

在锅中加入 125 毫升水和糖小火慢煮，搅拌至糖完全溶解。关火，将樱桃和香草豆荚 / 豆子放入大水壶 / 水罐中，倒入温热的糖浆，静置 5 分钟。加入葡萄酒、白兰地、樱桃甜酒和樱桃苦精，搅拌混合，冷藏至少 1 小时。饮用前，加入苏打水，倒入装满冰块的高球杯中。最后还可用香草荚 / 豆装饰。

什锦水果宾治

1 瓶 750 毫升桃红葡萄酒

8 颗樱桃，去核，切成两半

8 颗草莓，去籽，切片

2 个白桃，去皮，切片

1 个青柠，榨汁

2 汤匙白糖

225 毫升伏特加

225 毫升鲜榨西瓜汁（见第 84 页）

1 瓶 750 毫升半干白葡萄酒，冰镇

新鲜樱桃、青柠角，装饰用

八人份

这款酒荟萃数种水果，搭配粉色冰块，冰凉多汁，卖相诱人。

首先制作桃红葡萄酒冰块。将一瓶桃红葡萄酒倒入冰块盒中，放入冰箱冷冻。同时，将其他材料倒入大罐 / 壶中，放置至少 2 小时。

调酒前，向大罐 / 壶中倒入 1 瓶白葡萄酒，搅拌均匀，向每只古典杯 / 平底玻璃杯中加入半杯冻好的葡萄酒冰块，再将罐 / 壶中的混合物分装到杯中，最后用樱桃和青柠角装饰，即可饮用。

地中海起泡宾治

百里香的香味瞬间带你穿越到意大利托斯卡纳（Tuscany）的某处小山村。配方中加入了超多的百里香，使之成为户外派对的不二之选。需要用 3.5 升的大号宾治碗来装。

4 根新鲜百里香，多备一些用作装饰

1 瓶 750 毫升冰镇阿贝罗酒

1 瓶 750 毫升冰镇干味美思［推荐利莱（Lillet）味美思］

1 升新鲜的粉色西柚汁

1 瓶 750 毫升冰镇桃红起泡葡萄酒（卡瓦起泡酒或桃红普罗塞克起泡酒都很好）

粉红西柚片，用于装饰

二十人份

将百里香、阿贝罗酒、味美思和西柚汁倒入壶 / 罐中，冷藏至少 2 小时。之后倒入大号宾治碗，加入桃红起泡葡萄酒和足量冰块。每个玻璃杯中分别加入少量冰块和一片西柚，可以使用小号葡萄酒杯、飓风杯或平底玻璃杯。再向其中倒入宾治，最后加入一小根新鲜百里香作装饰，就可以上桌了。

白色桑格利亚

1 瓶 750 毫升冰镇干白葡萄酒

100 毫升圣哲曼接骨木花利口酒（St Germain elderflower liqueur）

100 毫升干味美思

100 毫升君度酒

鲜榨柠檬汁（2 只柠檬）

30 毫升单糖浆（见第 8 页）

2 滴西柚苦精

新鲜水果片（如绿色无籽葡萄、猕猴桃、桃子或油桃），装饰用

十人份

接骨木花甜酒给这款酒带来美妙的花香并激发了应季水果甜蜜的果味。

将除装饰物外的所有酒水原料加入装满冰块的大罐 / 壶中，轻轻搅拌混合。

再将酒水混合物倒入装满冰块的古典 / 平底玻璃杯中，用水果加以装饰。

经典桑格利亚

1 瓶 750 毫升冰镇红葡萄酒

150 毫升柑曼怡利口酒（Grand marnier）

250 毫升鲜榨橙汁（约 4 只橙子）

50 毫升单糖浆（见第 8 页）

3 滴安古斯图拉苦精

新鲜水果片（如草莓、苹果、橙子和柠檬），装饰用

十人份

每个人都应该学会调制桑格利亚酒，所幸其制作起来限制很少。只需加入红酒（西班牙里奥哈尤其合适）和一些应季水果，到场宾客见了都会称赞不已。

将除装饰物外的所有酒水原料加入装满冰的罐 / 壶中，轻轻搅拌。再将其倒入装有冰块的古典杯 / 平底玻璃杯中，用当季水果装饰即可。

贝里尼朗姆宾治

2 个水蜜桃，去皮

40 毫升鲜榨柠檬汁

120 毫升金色或白色朗姆酒

60 毫升荷兰桃味金酒

120 毫升白桃汁

1 瓶 750 毫升冰镇普罗塞克起泡酒

四人份

小抿一口，桃香扑鼻，狂欢就此开始。金色朗姆酒最适合用来调制这款酒，如果找不到，可用白色朗姆酒替代。

将桃子切成薄片加入大罐 / 壶中，倒入柠檬汁、朗姆酒、桃味金酒和白桃汁，搅拌均匀。加入少量冰块，倒入普罗塞克起泡酒，轻轻搅拌。再分装到加满冰块的高球杯中，最后用桃子片略加装饰，就可以上桌了。

红发女郎

8 颗新鲜草莓

1 茶匙白糖

60 毫升柠檬甜酒

2 茶匙草莓果汁爆珠（可选，见第 75 页）

冰镇普罗塞克起泡酒，用于加满杯子

二人份

把火热的夏日圈进酒杯。一张野餐垫子、一片僻静草地和一个可以依偎的人，足矣。

取 6 颗草莓切碎，加入摇杯，加糖，捣至汁液流出。倒入柠檬甜酒，加少量冰块，摇匀。将其滤入冰镇过的笛形香槟杯中。如有需要，可以加入草莓果汁爆珠。再倒入普罗塞克起泡酒至半满，搅拌后再倒满。最后把剩下的草莓切片作为装饰。

普罗塞克冰茶

1 个伯爵茶包

1 汤匙白糖

75 毫升开水

30 毫升金酒

5 毫升鲜榨柠檬汁

少许接骨木花甜酒

冰镇普罗塞克起泡酒，用于加满杯子

柠檬片，装饰用

一人份

伯爵茶、金酒和普罗塞克起泡酒：集万千所爱于一杯，天堂般的待遇！下次想喝长岛冰茶时，不妨试试这杯更为优雅的调和酒。

首先将茶包和糖放入杯中，倒入 75 毫升开水，放置 5 分钟。取出茶包，冷却至室温。

将伯爵茶倒入高球杯，加入金酒、柠檬汁和接骨木花甜酒。加足量冰块，搅拌均匀。倒满普罗塞克起泡酒，装饰上几片柠檬片即可享用。

浆果柯林斯

500 毫升伦敦干金酒

鲜榨柠檬汁（6 个柠檬）

125 毫升红色果酱（石榴果酱、树莓果酱和蓝莓果酱都可以）

125 毫升单糖浆（见第 8 页）

1 升冰镇苏打水

新鲜红色浆果，装饰用

十人份

汤姆·柯林斯（Tom Collins）鸡尾酒是鸡尾酒派对的经典之作。这款酒在原版基础上又加入了红色果酱，使其更具夏日风情。

将除苏打水和装饰用的浆果外的所有原料加入盛有冰块的大罐/壶中，轻轻搅拌混合。加入苏打水，再次搅拌。分装到装满冰块的高球杯中，点缀上当季新鲜浆果即可饮用。

无酒精鸡尾酒&果汁

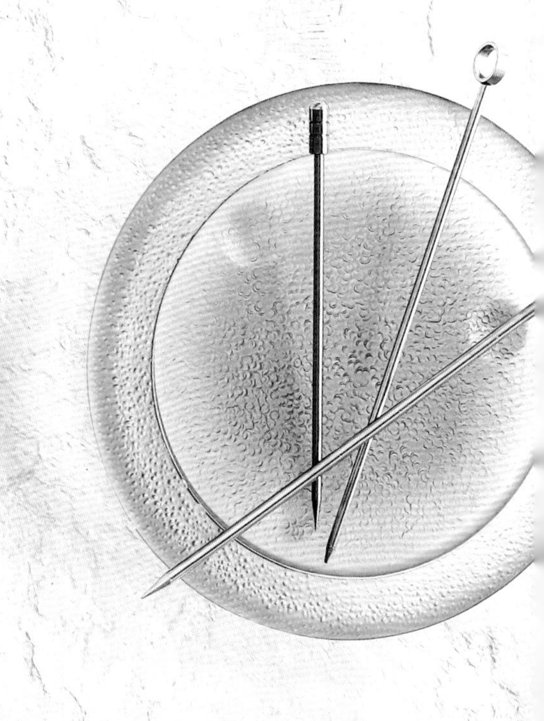

树莓苹果荔枝汁

200 克冰冻树莓
565 克罐装荔枝，沥干
250 毫升苹果汁

二人份

这款饮品多汁可口，可以帮你快速补充水分。冰冻树莓让饮品保持冰凉，是炎炎夏日的终极提神饮品，健康又更美味。

只需把所有的原料放在搅拌机里，搅拌至质地丝滑，分装到 2 只高球杯中即可。

橙色落日

6 个橙子
2 个石榴

二人份

清新活力，美味浓郁，这款饮品与经典的龙舌兰日出鸡尾酒（Tequila Sunrise）异曲同工，让人联想到晚间夕阳晕染出的橘粉光晕。

橙子削皮、切碎，放入电动榨汁机榨汁，倒入大壶 / 罐里。将石榴榨汁，放入另一个大壶 / 罐里。

将橙汁分装到 2 个装满冰的高球杯中，再以细流缓慢倒入石榴汁，不要搅拌，即可享用。

秀兰·邓波儿

25毫升石榴糖浆（或选择你喜欢的口味，见第8~9页）

姜汁啤酒或柠檬苏打水，用于加满杯子

1个柠檬角，装饰用

一人份

这款口感甜美的解渴神器可能是公认的最佳无酒精鸡尾酒之一，其制作简单又美味。

将石榴糖浆倒入加满冰的高球杯中，再倒入姜汁啤酒或柠檬苏打水。最后用柠檬角装饰即可饮用。

自制橙汁

橙子皮（2个血橙）

400克白糖

1茶匙柠檬酸

550毫升水

550毫升鲜榨血橙汁（约12只橙子）

冰镇苏打水或气泡水，用于加满杯子

橙子片，装饰用

二十人份

血橙糖浆口味极佳，色泽也非常漂亮，不过买不到血橙也不用担心——普通橙子也不错。

将橙子皮、糖、柠檬酸和550毫升水放入锅中煮沸。慢煮，搅拌，直到糖完全溶解。加入橙汁，再次煮沸，不断搅拌。关火，冷却1小时。倒入消过毒的瓶子中（见第8页），放入冰箱可保存长达2个月。

调酒前，将上述制好的血橙糖浆50~60毫升倒入装满冰块的平底玻璃杯中，加满苏打水/气泡水，再用橙子片装饰即可。

浆果思慕雪

60 毫升红色果酱（见第 114 页）
300 毫升原味酸奶
300 毫升冰镇牛奶
150 克新鲜草莓，去籽，切片
250 克冷冻混合浆果
1 茶匙纯香草精
蜂蜜或龙舌兰糖浆，调味用
新鲜草莓、黑莓或树莓，装饰用

二人份

这一大杯思慕雪能帮你快速补充能量，浆果甜味浓郁。如果你想做无奶版本的，可以用植物酸奶和植物奶替代普通酸奶和牛奶。

把果酱放入挤压瓶中，挤入玻璃杯中，画螺旋形。把酸奶和牛奶放入搅拌机，加入草莓、冷冻混合浆果、香草精和蜂蜜，搅拌均匀。将果昔用筛子滤去籽，再倒入玻璃杯中，取几颗浆果串在签子上装饰，插上吸管，就可以上桌了。

蓝色夏威夷

¼ 个新鲜菠萝，去皮去芯
150 毫升椰子水
新鲜椰肉（¼ 个椰子）
一大把新鲜蓝莓
1 茶匙螺旋藻粉

二人份

因为加了蓝莓和螺旋藻粉，这款思慕雪的外观十分个性（见第 125 页图片）。

将所有原料加入搅拌机搅拌，直至椰肉质地细腻，再分装到 2 只杯子中即可饮用。

清体果蔬汁

8 根芹菜秆
1 根黄瓜，去皮
1 个苹果，去核
15 毫升苹果醋
1 块拇指大小的生姜，去皮

二人份

请一定要尝试这款与众不同的清爽果蔬汁，它有望荣升为你的夏季挚爱！

把所有原料放入榨汁机榨汁，倒入大壶 / 罐中，放入冰箱。冷却后，倒入两个玻璃杯中，即可饮用。

阳光果蔬汁

1 个黄甜椒，去籽切 4 份
2 根黄色的胡萝卜，去皮切碎
2 个黄色的苹果，去核切碎
1 块拇指大小的生姜，去皮

二人份

这款如阳光般金黄璀璨的奶昔所选原料均为黄色，成就了这款清体复元果蔬汁，让小日子闪闪发光！

把所有原料放入搅拌机搅拌，倒入大壶 / 罐中，放入冰箱。冷却后，倒入两个玻璃杯中，即可饮用。

激情芒果

100 克冰冻混合浆果，解冻

1 汤匙糖霜 / 糖粉

1 个大芒果，去核，多备些芒果片用于装饰

1 只西番莲的果肉

冰镇苏打水或气泡水，用于加满杯子

二人份

这款饮品是为芒果和西番莲爱好者专门打造的，充满迷人的异国情调，令人沉迷。

把浆果放在碗里，加入糖霜 / 糖粉，用叉子压成糊状，静置 15 分钟，用细筛过滤。将芒果果肉放入搅拌机或榨汁机中搅拌至顺滑，加入西番莲果肉。取 2 只高球杯，加满冰块，各加入一半浆果混合物、芒果酱和西番莲酱，然后加满气泡水，最后用芒果片装饰即可。

桃子露

5 个水蜜桃或油桃，对半切，去核，切成四份

3 个橙子，对半切

5 毫升龙舌兰糖浆或蜂蜜

二人份

油桃或水蜜桃都能为果汁带来丰富的口感，使其充盈着甜蜜的夏日果香。

把水蜜桃 / 油桃、橙子分别放进榨汁机榨汁，将桃子汁、橙子汁与龙舌兰糖浆混合在一起，搅拌均匀，放入冰箱。变凉后倒入 2 只平底玻璃杯中，即可饮用。

西瓜酷乐

1 个中等大小的成熟无籽西瓜
鲜榨青柠汁（3 个青柠）
单糖浆，调味用（见第 8 页）
青柠角，装饰用

二人份

成熟多汁的西瓜是夏天的代名词，这杯饮品你一定不能错过！

用挖球器舀 6 个西瓜球各串 3 个在 2 支签子上，放入冰箱中备用。

挖出剩下的西瓜肉，切碎。将青柠汁、西瓜肉与冰块一起放入搅拌机，搅拌成细腻的果昔。尝味，如果太酸，可以加一点糖，再次搅拌均匀。

将其倒入冰镇的玻璃杯中，用西瓜串和青柠角装饰后便可以享用了。

浅尝邦迪海滩

1 个大芒果，去皮，去核，切丁
250 毫升菠萝汁
1 根香蕉，去皮，切片
50 毫升树莓糖浆（见第 8 页）

二人份

想象一下，在澳大利亚最著名的邦迪海滩上啜饮这款无酒精鸡尾酒，当炎热逐渐退去，贪恋落日的人还不肯回家。

把切好的芒果、香蕉和菠萝汁放入搅拌机，加入冰块，搅拌至顺滑。

在 2 只高球杯沿杯壁各滴上少许树莓糖浆，倒入上述果汁和冰的混合物，搅拌均匀即可饮用。

39
EL NOPAL

青柠薄荷清凉水

6~8 片新鲜大薄荷叶
3 个青柠，每只切成 4 块
130 克白砂糖
500 毫升水

四人份

这款经典的墨西哥饮品用了整个青柠（包括皮），风味独特，值得一试！

将薄荷叶、青柠、糖与 500 毫升水混合在一起，搅拌约 2 分钟，直到充分混合。使其通过筛网滤入水壶 / 水罐里，加入足量冰块（约 500 克），搅拌均匀。再加入冰水，直到 2 升，搅拌均匀。

改良版：如果喜欢气泡感，最后可以用气泡代替冰水加满杯子。

仙人掌绿汁

1 根芹菜带一片叶子，作为装饰
1 片胭脂仙人掌叶
1 根新鲜的欧芹
鲜榨橙汁（1 个橙子）
200 毫升水

一人份

一定要尝试这款墨西哥饮品，仙人掌的健康益处不必多言，它还有别样的惊喜带给你！

将芹菜切成 4 段，胭脂仙人掌叶切成 4~6 条。

将除装饰物外的所有原料与 200 毫升水加入搅拌机，搅拌约 2 分钟直至质地顺滑。倒入高球杯，用芹菜叶装饰。

注：应尽可能去除芹菜的纤维，折断芹菜末端，拉出挂着的粗纤维筋。一般来说，芹菜越新鲜，粗纤维筋就越少。

英式夏日宾治

苹果和樱桃是黄金搭档，经常被用于饼或酥皮甜点中，效果极佳。这两种水果搭配起来制作宾治同样也能发挥奇效。

125 克樱桃，去核

400 克白糖

250 毫升水

1.5 升浑浊苹果汁

鲜榨青柠汁（4 个青柠）

200 毫升冰镇苏打水或气泡水，用于加满杯子

10 颗新鲜樱桃，用于装饰

十人份

制作樱桃糖浆时，把樱桃放在搅拌机里搅拌 1 分钟，再和糖、250 毫升水一起放入锅中，小火加热，多多搅拌，直到糖溶解。关火，静置冷却。

将樱桃糖浆、苹果汁、青柠汁和苏打水加入装满冰块的大罐 / 壶中，轻轻搅拌均匀。最后倒入加满碎冰的高球杯或飓风杯中，加满苏打水，用新鲜樱桃装饰即可。

三面女神

150 毫升石榴汁

150 毫升浑浊苹果汁

鲜榨青柠汁（1.5 个青柠）

25 毫升接骨木花甜酒

苏打水或气泡水，用于加满杯子

扇形苹果片，装饰用

二人份

石榴、苹果、接骨木花和青柠在此交汇，成就一杯滋滋冒泡的无酒精鸡尾酒。选择口感微苦的石榴汁，能很好地平衡苹果汁和接骨木花甜酒的甜味。

将果汁和接骨木花甜酒倒入大罐 / 壶中，轻轻搅拌，再分装入 2 只加冰的高球杯中，最后加入气泡水，用苹果片装饰即可饮用。

树莓苹果菲兹

300 克冷冻树莓

250 毫升浑浊苹果汁

苏打水或气泡水

新鲜树莓和苹果片，装饰用（可选）

二人份

这是炎炎夏日必备的清爽无酒精鸡尾酒，只需短短几秒就能做好一杯。

将树莓、苹果汁和 12 块冰块放入搅拌机搅拌至质地细腻。分装入 2 只高球杯，加满苏打水。最后用几颗树莓和一个苹果片装饰即可。

草莓柠檬水

20 颗新鲜成熟草莓

鲜榨柠檬汁（4 个柠檬）

柠檬皮碎（4 个柠檬）

6 汤匙白砂糖

1 大把新鲜薄荷叶

苏打水或气泡水，用于加满杯子

柠檬片，装饰用

二人份

新鲜柠檬水混合新鲜草莓酱，再点缀一片翠绿的薄荷，简简单单的一杯草莓柠檬水就大功告成了。

把草莓放入搅拌机，搅拌成草莓酱。

把柠檬汁、柠檬皮碎、白砂糖和薄荷加入大罐 / 壶中，搅拌至糖完全溶解。向罐 / 壶中装满冰块，加入草莓酱，倒满苏打水。分装到 2 只加冰的高球杯中，饰以柠檬片即可。

柠檬生姜大麦水

125 克去壳大麦粒

将 4 个未打蜡的柠檬削皮，榨汁

100 克红糖

1 块约 5 厘米的新鲜生姜，去皮，切碎

1.2 升开水

柠檬片，装饰用

四至六人份

这款经典复古饮品对健康大有裨益，而且十分容易调制。

将大麦粒洗净，与柠檬皮、红糖和姜一起放入大的耐热的水壶 / 水罐中。倒入 1.2 升开水，静置冷却几小时。

冷却后加入柠檬汁，过滤后再转入冰箱中冰镇。饮用前，分装到加满冰的平底玻璃杯中，用柠檬片装饰即可。

夏日花园

1 根 4 厘米长的黄瓜，再多备一些作为装饰

5 片罗勒叶

5 毫升单糖浆（见第 8 页）

5 毫升鲜榨柠檬汁

冰镇接骨木花气泡水，用于加满杯子

一人份

罗勒和黄瓜相遇，碰撞出这一杯清淡可爱的无酒精饮品，非常适合夏日花园派对。

将黄瓜切成小块，与罗勒叶和糖浆一起放入摇杯中捣碎，让汁液充分渗出。加入冰块，搅拌均匀，滤入冰镇过的笛形香槟杯中，倒满接骨木花气泡饮料，配上一片黄瓜即可上桌。

永远的草莓园

2 颗草莓，再另备一些用作装饰

几片薄荷叶（可选）

15 毫升草莓糖浆（见第 8 页）

5 毫升鲜榨柠檬汁

冰镇无酒精起泡葡萄酒，用于加满杯子

一人份

这款饮品是户外活动的标配，夏夜的最佳选择。

将草莓切成两半，与草莓糖浆和薄荷（如需要）一起放入摇杯中，捣碎，让汁液充分渗出。加入柠檬汁和冰块，摇匀。滤入冰镇过的笛形香槟杯中，加满无酒精起泡葡萄酒，再用草莓薄片装饰即可。

热带香料思慕雪

½ 个大菠萝，去皮去芯，切碎
1 根香蕉，去皮，切碎
200 毫升原味酸奶
100 毫升椰奶
½ 茶匙姜粉
5 毫升蜂蜜或龙舌兰糖浆
5 毫升鲜榨青柠汁
3 只豆蔻荚的豆蔻籽，磨碎
细切青柠皮，装饰用

二人份

这款思慕雪巧妙地结合了热带的水果和香料，口感丰富。选菠萝时，抓起顶上的叶子，如果叶子很容易便脱落，说明菠萝已经成熟。

将菠萝、香蕉、酸奶、椰奶、生姜粉、蜂蜜和青柠汁放入搅拌器，搅拌至丝滑细腻。加入豆蔻粉继续搅拌，分装入 2 只冰镇过的平底玻璃杯中，撒上青柠皮点缀。

浆果思慕雪

2 把新鲜蓝莓
2 把冷冻或新鲜树莓
鲜榨橙汁（2 个大橙子）
10 毫升蜂蜜或龙舌兰糖浆
2 汤匙燕麦片
2 茶匙浆果粉

二人份

这款加了燕麦的浆果思慕雪口感更加丰富且圆润，适合作为夏天的早餐，悠闲地享用。

将蓝莓、树莓、橙汁、蜂蜜、燕麦和浆果粉放入搅拌机搅拌至丝滑细腻。分装入 2 只冰镇后的平底玻璃杯中享用即可。

图书在版编目（CIP）数据

夏日冰饮 / 英国瑞兰彼得斯和斯莫尔出版公司著；吴健译．—北京：中国轻工业出版社，2021.8

（元气满满下午茶系列）

ISBN 978-7-5184-3598-2

Ⅰ．①夏… Ⅱ．①英… ②吴… Ⅲ．①饮料—制作 Ⅳ．① TS27

中国版本图书馆 CIP 数据核字（2021）第 155071 号

责任编辑：江 娟 靳雅帅

策划编辑：江 娟 靳雅帅　　责任终审：张乃柬　　封面设计：奇文云海

版式设计：锋尚设计　　责任校对：宋绿叶　　责任监印：张 可

出版发行：中国轻工业出版社（北京东长安街6号，邮编：100740）

印　　刷：鸿博昊天科技有限公司

经　　销：各地新华书店

版　　次：2021年8月第1版第1次印刷

开　　本：720 × 1000　1/16　印张：9

字　　数：110千字

书　　号：ISBN 978-7-5184-3598-2　定价：68.00元

邮购电话：010-65241695

发行电话：010-85119835　传真：85113293

网　　址：http://www.chlip.com.cn

Email：club@chlip.com.cn

如发现图书残缺请与我社邮购联系调换

210128S1X101ZYW